BEI GRIN MACHT SICH IHR
WISSEN BEZAHLT

Bibliografische Information der Deutschen Nationalbibliothek:

Die Deutsche Bibliothek verzeichnet diese Publikation in der Deutschen National-
bibliografie; detaillierte bibliografische Daten sind im Internet über http://dnb.d-
nb.de/ abrufbar.

Impressum:

Copyright © 2013 GRIN Verlag, Open Publishing GmbH
Druck und Bindung: Books on Demand GmbH, Norderstedt Germany
ISBN: 978-3-668-18967-6

Dieses Buch bei GRIN:

http://www.grin.com/de/e-book/319620/was-kann-ich-schon-selbstdiagnose-des-
wissens-ueber-parabeln-mit-lerntheke

Jennifer Raab

"Was kann ich schon?" Selbstdiagnose des Wissens über Parabeln. Mit Lerntheke (Mathematik, Klasse 10)

GRIN Verlag

GRIN - Your knowledge has value

Der GRIN Verlag publiziert seit 1998 wissenschaftliche Arbeiten von Studenten, Hochschullehrern und anderen Akademikern als eBook und gedrucktes Buch. Die Verlagswebsite www.grin.com ist die ideale Plattform zur Veröffentlichung von Hausarbeiten, Abschlussarbeiten, wissenschaftlichen Aufsätzen, Dissertationen und Fachbüchern.

Besuchen Sie uns im Internet:

http://www.grin.com/

http://www.facebook.com/grincom

http://www.twitter.com/grin_com

Unterrichtsvorbereitung

Thema der Unterrichtseinheit:
Quadratische Funktionen

Thema der Unterrichtsstunde:
Was kann ich schon?-
Mithilfe einer Selbstdiagnose das eigene Wissen zu Parabeln einschätzen
und eine Lerntheke nutzen

Inhaltsverzeichnis

1. Stellung der Stunde in der Unterrichtseinheit

Datum/ Stunde	Thema der Stunde/n	Angestrebter Kompetenzzuwachs Die Lernenden erweitern ihre Kompetenz ...	Prozess- modell
04.09. 1.Std	Einführung quadratische Funktionen – Die Normalparabel	... *Mathematische Darstellungen zu verwenden,* indem sie die Eigenschaften einer Normalparabel mithilfe der Funktionsvorschrift und des zugehörigen Graphen entdecken.	Lernen initiieren und vorbereiten
05.09.13 2.+3.Std	Verschobene Normal- parabeln – Verschiebung an X- und Y-Achse	... *Mathematische Darstellungen zu verwenden,* indem sie die Eigenschaften von verschobenen Normalparabeln anhand von Beispielfunktionen entdecken und sich gegenseitig vorstellen.	Lernwege eröffnen und gestalten
06.09.13 4.Std	Verschobene Normal- parabeln – Beispielaufgaben	...*Mit symbolischen, formalen und technischen Elementen der Mathematik umzugehen,* indem sie die Formeln für verschobene Normalparabeln anwenden.	
12.09.13 5.+6.Std	Parabeln der Form $y=ax^2$ – Streckung und Stauchung	... *Mathematische Darstellungen zu verwenden,* indem sie die Eigenschaften von gestreckten und gestauchten Parabeln anhand von Beispielfunktionen entdecken.	
13.09.13 7.Std 18.09.13 8.Std	*Was kann ich schon?–* **Mithilfe einer Selbst- diagnose das eigene Wissen zu Parabeln einschätzen und eine Lerntheke nutzen**	... *Mathematische Darstellungen zu verwenden,* **indem sie mithilfe einer Selbstdiagnose ihr eigenes Wissen zu Parabeln einschätzen, indivi- duelle Übungsschwerpunkte setzen und auf dieser Grundlage eine Lerntheke nutzen, um entsprechende Aufgaben zu bearbeiten.**	Orientierung geben und erhalten
19.09.13 9.Std	Parabeln am Computer zeichnen - GeoGebra	...*Mathematische Darstellungen zu verwenden,* indem sie mithilfe der dynamischen Geometrie- software GeoGebra Parabeln zeichnen und die Eigenschaf-ten der Verschiebungen mithilfe von Schieberegeln entdecken.	Kompetenzen stärken und erweitern

2. Lernvoraussetzungen

2.1 Allgemeine Lernvoraussetzungen

Die heutige Stunde findet in einem Mathematik-10-B-Kurs statt. Diese Lerngruppe setzt sich aus zwölf Schülerinnen und vierzehn Schülern zusammen. Diese stammen aus drei Klassen, dreizehn aus der Klasse 10, neun aus der Klasse 10 und vier aus der Klasse 10. Ich unterrichte die Lerngruppe eigenverantwortlich seit Februar 2013 in vier Stunden Mathematik pro Woche. Zu Beginn des Schuljahres sind jedoch sechs Lernende hinzugekommen, die Mehrheit von ihnen war im vorherigen Schuljahr in einem Mathematik-9-C-Kurs. Somit ist die bereits bestehende starke Heterogenität bezüglich der Leistungsfähigkeit und Leistungsbereitschaft weiter verstärkt worden.

Das Verhältnis zwischen der Lerngruppe und mir schätze ich positiv ein. Die Lernenden sind mir gegenüber freundlich und aufgeschlossen. Ich fühle mich als Lehrperson akzeptiert und angenommen.

Leistungsstärkere Schülerinnen und Schüler sind (...). Sie beteiligen sich häufig am Unterricht und bereichern Unterrichtsgespräche mit durchdachten Beiträgen. Allgemein ist die Lerngruppe in ihrer mündlichen Beteiligung jedoch meist sehr zurückhaltend. Am Unterrichtsgespräch nehmen dann nur einzelne Schülerinnen und Schüler teil. Sehr ruhig sind unter anderem (...). In Arbeitsphasen arbeitet die Lerngruppe jedoch meist selbstständig und konzentriert. Leistungsschwächere Schülerinnen und Schüler sind (...). Sie haben große Schwierigkeiten im mündlichen und schriftlichen Bereich.

Allgemein fällt in der Lerngruppe auf, dass die Leistungsbereitschaft im Fach Mathematik eher gering ist und man die Lernenden häufiger zur Arbeit motivieren muss. Außerdem ist auffällig, dass der Großteil der Lernenden die Hausaufgaben nicht oder nur teilweise erledigt und sich sehr kurzfristig auf anstehende Arbeiten vorbereitet.

Besonders (...) fallen durch ihr Arbeits- und Sozialverhalten auf. Sie halten sich häufig nicht an vereinbarte Regeln und stören den Unterricht. In Einzel- oder Gruppenarbeitsphasen sind sie oft unkonzentriert und beschäftigen sich mit anderen Tätigkeiten. Nach Absprache mit der Klassenlehrerin wurde die Sitzordnung so verändert, dass sie nicht mehr nebeneinander sitzen, was sich bereits positiv auf die Leistungsbereitschaft ausgewirkt hat.

2.2 Institutionelle Lernvoraussetzungen

Bei der Gesamtschule handelt es sich um eine integrierte Gesamtschule. Im Fach Mathematik findet ab dem siebten Jahrgang eine Differenzierung in A-, B- und C-Kurse statt. Bei dieser Lerngruppe handelt es sich um einen B-Kurs, was dem Realschulniveau entspricht.

Die heutige Unterrichtsstunde findet im Fachraum statt. Zur Ausstattung des Raumes gehören eine Tafel und ein Overheadprojektor.

2.3 Spezielle Lernvoraussetzungen

Die Schülerinnen und Schüler, welche bisher in einem Mathematik-B-Kurs gewesen sind, kennen lineare Funktionen bereits seit der achten Jahrgangsstufe. Bei den Lernenden aus dem vorherigen C-Kurs wurden am Ende der Jahrgangsstufe Neun lineare Funktionen zwar thematisiert, jedoch nicht vertieft. Deshalb habe ich mich dazu entschieden, vor dieser Unterrichtseinheit lineare Funktionen zu wiederholen, damit die gesamte Lerngruppe damit vertraut ist.

Quadratische Funktionen werden nun erstmalig in der zehnten Jahrgangsstufe behandelt. In dieser Unterrichtseinheit haben die Lernenden bereits verschobene, gestauchte und gestreckte Parabeln sowie die Scheitelpunktform kennengelernt.

Ich habe mit dieser Lerngruppe noch keine *Lerntheke* durchgeführt. Ihnen ist die Unterrichtsmethode jedoch bereits im Laufe ihrer Schullaufbahn des Öfteren begegnet. Dennoch ist es notwendig, zu Beginn der Unterrichtsstunde die Regeln und den Ablauf einer Lerntheke mit der vorangestellten *Ausgangsdiagnose* gemeinsam zu besprechen.

Partnerarbeit beherrschen die Schülerinnen und Schüler bereits gut, sie arbeiten dabei meist konzentriert an ihren Aufgaben und tauschen sich über ihre Lösungsvorschläge untereinander aus.

3. Angestrebter Kompetenzzuwachs

Die Lernenden erweitern ihre Kompetenz *Mathematische Darstellungen zu verwenden*, indem sie mithilfe einer Selbstdiagnose ihr eigenes Wissen zu Parabeln einschätzen, individuelle Übungsschwerpunkte setzen und auf dieser Grundlage eine Lerntheke nutzen, um entsprechende Aufgaben zu bearbeiten.

4. Verlaufsplan

Zeit	Phase/Inhalt	Methode/ Sozialform	Medien
11:45Uhr- 11:47Uhr	Begrüßung und Vorstellen des Besuchs	LiV-Vortrag	
11:47Uhr- 11:55Uhr	**Einstieg/ Motivation:** LiV zeichnet eine Parabel an die Tafel und wartet auf Meldungen der SuS. Mögliche Schüleräußerungen: - eine Normalparabel hat die Funktion $y=x^2$ - eine Parabel kann auf der x-Achse und der y-Achse verschoben werden - eine Parabel kann nach unten gespiegelt werden - eine Parabel kann gestaucht oder gestreckt werden - ...	Stummer Impuls	
11:55Uhr- 12:05Uhr	**Problemstellung** „Ihr habt heute die Möglichkeit, euer Wissen zu quadratischen Funktionen mit einem Fragebogen selbst einzuschätzen und anschließend auch selbst zu entscheiden was euch noch schwer fällt. Dafür habe ich euch eine Lerntheke vorbereitet." LiV stellt den Ablauf und die Regeln der Lerntheke mithilfe eines Lernplakats vor. Ablauf: 1. Ausgangsdiagnose - Entscheide, welche Aussagen richtig oder falsch sind! - Gib bei falschen Aussagen die richtige Lösung an! - Vergleiche deine Angaben mit der Lösung. - Lege mithilfe deiner Ergebnisse die Reihenfolge der Übungen fest!	LiV-Vortrag LiV-Vortrag	 Plakat

	2. Übungen
	- Nimm die Aufgaben aus dem jeweiligen
	  Fach und löse sie.
	- Partnerarbeit möglich!
	- Du kannst die Hilfekarten benutzen.
	- Vergleiche deine Lösungen mit der
	  Musterlösung.
	
	Offene Fragen werden geklärt.
		Unterrichts-
		gespräch	

12:05Uhr- 12:25Uhr	**Arbeitsphase:** Die Lernenden füllen die Ausgangsdiag- nose aus, werten sie aus und entscheiden, welche Übungen sie in welcher Reihen- folge bearbeiten.	Einzelarbeit	Ausgangs- diagnose
	Die Lernenden bearbeiten die Übungsauf- gaben der Lerntheke. Mögliche/ erwünschte Schüleraktivitäten: - Wertetabellen berechnen - Funktionsgraphen zeichnen - Zusammenhang zwischen Funktions- gleichungen und -graphen erkennen - Scheitelpunkte bestimmen - Funktionsgleichungen bestimmen - Lösungen kontrollieren - evtl. Hilfekarten benutzen - ...	Einzel-/ Partnerarbeit	Lerntheke mit Aufgaben zu 4 Bereichen

12:25Uhr-
12:30Uhr
	Ergebnissicherung:
	
	Zwischenreflexion:
	
	Mögliche Reflexionsschwerpunkte:
	- Wie seid ihr mit dem Diagnosebogen und
	  den Übungen zurechtgekommen?
	- Wo gab es Schwierigkeiten?
	- Habt ihr Vorschläge wie man die Lern-
	  theke erweitern/ verbessern könnte?
	- ...
		Unterrichts-
		gespräch	

	Ausblick auf die nächste Stunde: Fortsetzung der Lerntheke, evtl. Besprechung einzelner Aufgaben	LiV-Vortrag	

5. Literatur- und Quellenangaben

Abschlussprüfung Mathematik: Arbeitsheft mit Lösungen. Mittlerer Schulabschluss Jahrgangsstufe 10 Hessen. Berlin: Cornelsen 2009.

Barzel, Bärbel/ Holzäpfel, Lars/ Leuders, Timo/ Streit, Christine: Mathematik unterrichten: Planen, durchführen, reflektieren. Berlin: Cornelsen 2012.

Barzel, Bärbel/ Büchter, Andreas/ Leuders, Timo: Mathematik Methodik. Handbuch für die Sekundarstufe I und II. Berlin: Cornelsen Scriptor 2007.

Blum, Werner/ Drüke-Noe, Christina/ Hartung, Ralph/ Köller, Olaf: Bildungsstandards Mathematik: konkret. Sekundarstufe I: Aufgabenbeispiele, Unterrichtsanregungen, Fortbildungsideen. Berlin: Cornelsen Skriptor 2006.

Diagnostizieren und Fördern: Lineare Funktionen und Gleichungssysteme. Quadratische Funktionen und Gleichungen. Mathematik 9/10. Arbeitsheft für Schülerinnen und Schüler. Berlin: Cornelsen 2009.

Hessisches Kultusministerium: Bildungsstandards und Inhaltsfelder. Das neue Kerncurriculum für Hessen. Sekundarstufe I. Wiesbaden: 2011.

Klippert, Heinz: Heterogenität im Klassenzimmer. Wie Lehrkräfte effektiv und zeitsparend damit umgehen können. Weinheim und Basel: Beltz 2012.

Mathematik 9. Erweiterungskurs. Braunschweig: Westermann 2010.

Mattes, Wolfgang: Methoden für den Unterricht. 75 kompakte Übersichten für Lehrende und Lernende. Paderborn: Schöningh 2002.

Abbildung:

http://de.academic.ru/pictures/dewiki/83/St_Louis_Gateway_Arch.jpg (09.09.2013)

Ausgangsdiagnose Quadratische Gleichungen

Aufgabe	w	f	Bemerkungen/ richtige Lösung	Richtig?

1 Verschobene Normalparabeln: $y = x^2 + e$ und $y = (x + d)^2$

Aufgabe	w	f	Bemerkungen/ richtige Lösung	Richtig?
Die Parabel mit der Gleichung $y = x^2+2$ hat den Scheitelpunkt S(0/2).				
Die Parabel mit der Gleichung $y = (x+2)^2$ hat den Scheitelpunkt S(2/0).				
Aus $y = (x-3)^2$ erhält man den Graphen, wenn man die Normalparabel um 3 Einheiten nach links verschiebt.				
Alle Parabeln mit der allgemeinen Gleichung $y = ax^2+e$ sind achsensymmetrisch zur y-Achse.				
Der Graph der Funktion mit der Gleichung $y = (x-\frac{1}{2})^2$ verläuft durch P(1/$\frac{1}{4}$).				

Bearbeite Aufgaben aus dem grünen Fach

2 Die Scheitelpunktform $y = (x – d)^2 + e$

Aufgabe	w	f	Bemerkungen/ richtige Lösung	Richtig?
$y = (x-4)^2+3$ ergibt eine Normalparabel mit dem Scheitelpunkt S(4/3).				
In Abbildung 1 hat die Parabel die Gleichung $y = (x+1)^2-2$.				
In Abbildung 2 hat die Parabel die Gleichung $y = (x+2)^2+1$.				
Die Parabel mit $y = (x + 2)^2-1$ verläuft durch den Punkt P(1/8).				

Abbildung 1: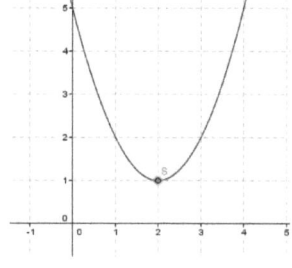

Abbildung 2: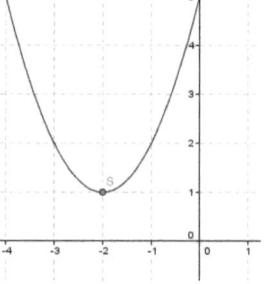

Bearbeite Aufgaben aus dem gelben Fach

3 Gestreckte und gestauchte Parabeln: $y = ax^2$

	w	f		
Der Graph der Funktion mit der Gleichung $y = 3x^2$ ist eine gestreckte Parabel.				
Der Graph der Funktion mit der Gleichung $y = -\frac{1}{4}x^2$ ist eine nach unten geöffnete und gestreckte Parabel.				
Alle Parabeln mit der allgemeinen Gleichung $y = ax^2$ sind achsensymmetrisch zur x-Achse.				
Die Parabel mit der Gleichung $y = 2x^2$ hat den Scheitelpunkt S(0/2).				

Bearbeite Aufgaben aus dem roten Fach

Hast du alles richtig gemacht bzw. hast du entsprechend geübt, solltest du auf jeden Fall auch komplexe Aufgaben lösen. **Bearbeite dann Aufgaben aus dem blauen Fach.**

Lösungen:

w	f	Bemerkungen oder Lösungswege

1

w	f	
x		Normalparabel und zwei Einheiten nach oben verschoben.
	x	Die Parabel hat den Scheitelpunkt S(-2/0).
	x	Die Normalparabel muss um drei Einheiten nach rechts verschoben werden.
x		Für a muss jedoch a ≠ 0 gelten, da sonst keine Parabel vorliegt.
x		$(1-\frac{1}{2})^2 = \frac{1}{4}$

2

w	f	
x		Verschiebung der Normalparabel um 4 Einheiten nach rechts und 3 Einheiten nach oben.
	x	Die Parabel hat die Gleichung y = (x-2)²+1.
x		Verschiebung der Normalparabel um 2 Einheiten nach links und 1 Einheit nach oben.
x		(1+2)²-1 = 8

3

w	f	
x		Die Parabel ist schmaler als eine Normalparabel.
	x	Die Parabel ist zwar nach unten geöffnet, aber gestaucht.
	x	Parabeln der Form y = ax² sind achsensymmetrisch zur Y-Achse. Außerdem muss a ≠ 0 gelten.
	x	Die Parabel hat den Scheitelpunkt S(0/0), im Koordinatenursprung.

Verschobene Normalparabeln: $y = x^2+e$ und $y = (x-d)^2$

1) Ergänze die Wertetabelle und zeichne den Graphen der Funktion.

a) $y = x^2-3$

x	-2	-1	0	1	2
y					

b) $y = x^2+1$ Koordinatensystem

x	-2	-1	0	1	2
y					

c) $y = (x-2)^2$

x	0	1	2	3	4
y					

d) $y = (x+1)^2$

x	-4	-3	-2	-1	0
y					

2) Ergänze die fehlenden Angaben:

a) $y = x^2-6$ S(__ / __)   Verschiebung um ___ nach _____

b) $y = (x+18)^2$ S(__ / __)   Verschiebung um ___ nach _____

c) $y =$ _____   S(0 / 2,5)   Verschiebung um ___ nach _____

d) $y =$ _____   S(__ / __)   Verschiebung um   5   nach   rechts.

3) Schreibe die Gleichungen der gegeben Parabeln in der Form $y = x^2+e$ und $y = (x-d)^2$ auf.

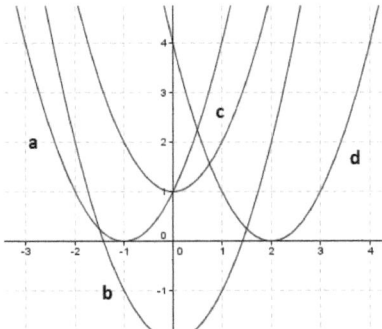

Parabel a: y = _____

Parabel b: y = _____

Parabel c: y = _____

Die Scheitelpunktform y = (x-d)²+e

1) Ergänze den folgenden Lückentext. Verwende dazu die Begriffe aus dem Kasten:

> **gleich, größer als, kleiner als, links, negativ, Normalparabel, positiv, rechts, x-Achse, y-Achse**

Der Graph der Funktion y=(x-d)²+e geht aus einer Verschiebung der _____ -

_____ hervor. Der Subtrahend d bewirkt eine Verschiebung der Normalparabel ent-

lang der _____ . Wenn d positiv ist, erfolgt eine Verschiebung nach _____, im ande-

ren Fall nach _____. Der Summand e bewirkt eine Verschiebung der Normalparabel

entlang der _____. Die Verschiebung erfolgt nach oben, wenn e _____ ist, und

nach unten, wenn e _____ ist. In Abhängigkeit von e kann es entweder keine, eine

oder zwei Nullstellen geben. Es gibt keine Nullstelle, wenn e _____ Null ist. Es gibt

eine Nullstelle, wenn e _____ Null ist. Es gibt zwei Nullstellen, wenn e _____

_____ Null ist.

2) Ergänze die fehlenden Angaben:
a) y = (x+4)²-6   S(__ / __)   Verschiebung um ___ nach _____

                                                 und ___ nach _____

b) y = (x-3)²+4   S(__ / __)   Verschiebung um ___ nach _____

                                                 und ___ nach _____

c) y = _____   S(-3 / - 4)   Verschiebung um ___ nach _____

                                                 und ___ nach _____

d) y = _____   S(__ / __)   Verschiebung um 4,5 nach oben

                                                 und 7,5 nach rechts.

3) Schreibe die Gleichungen der gegebenen Parabeln in der Form y = (x-d)²+e auf.

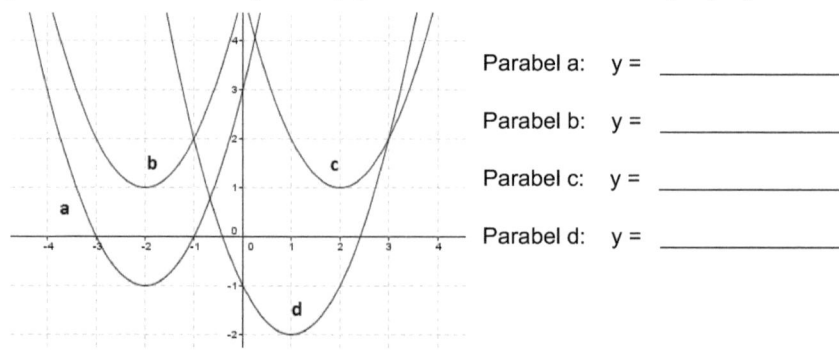

Parabel a: y = _____

Parabel b: y = _____

Parabel c: y = _____

Parabel d: y = _____

Gestreckte und gestauchte Parabeln: $y = ax^2$

1) Ergänze den folgenden Lückentext. Verwende dazu die Begriffe aus dem Kasten:

gestaucht, gestreckt, Normalparabel, oben, Scheitelpunkt, unten, weiter, weniger weit, x-Achse, y-Achse

Der Graph einer quadratischen Funktion mit der Gleichung $y = ax^2$ ist eine zur _____

symmetrische Parabel mit dem _____ (0/0). Der Graph der Funktion mit der

Gleichung $y=x^2$ heißt _____. Ist a>1, so sind die Parabeln _____

geöffnet als die Normalparabel. Man sagt, die Parabel ist _____. Wenn 0<a<1, so sind

die Parabeln _____ geöffnet als die Normalparabel. Man sagt, die Parabel ist _____.

Wenn a negativ ist, ergibt sich als Graph eine nach _____ geöffnete Parabel.

2) Kreuze Zutreffendes an.

Gleichung	Normalparabel	Gestreckt	Gestaucht	nach oben geöffnet	nach unten geöffnet
$y = -x^2$					
$y = -0,8x^2$					
$y = 2,5x^2$					
$y = \frac{3}{4} x^2$					
$y = -5\frac{1}{2} x^2$					

3) Ordne jeder Funktionsgleichung die zugehörige Parabel zu.

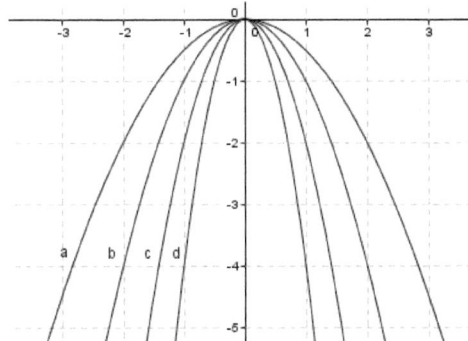

Funktionsgleichung	Parabel
$y = -x^2$	
$y = -2x^2$	
$y = -0,5x^2$	
$y = -4x^2$	

Komplexe Aufgaben

1) Für die Berechnung des Bremsweges eines Pkws (in m) gilt folgende Regel: Dividiere die Geschwindigkeit (km/h) durch 10 und quadriere das Ergebnis. Man kann den Bremsweg somit durch folgende Funktionsgleichung berechnen: $y = 0{,}01x^2$.

a) Berechne mithilfe der Regel den Bremsweg bei einer Geschwindigkeit von

20 km/h :

40 km/h :

80 km/h :

160 km/h :

b) Wie verändert sich der Bremsweg, wenn die Geschwindigkeit verdoppelt wird?

_____

_____

2) Das Foto zeigt den Gateway Arch in St. Louis. Der Bogen hat die Form einer Parabel.

Verändere eine Normalparabel so, dass der Graph die Form des Bogens annimmt.

Tipp: Verwende $y = ax^2 + b$

Lösungen:

1)

a	x	-2	-1	0	1	2
	y	1	-2	-3	-2	1

c	x	0	1	2	3	4
	y	4	1	0	1	4

b	x	-2	-1	0	1	2
	y	5	2	1	2	5

d	x	-3	-2	1	0	1
	y	4	1	0	1	4

2)
a) $y = x^2-6$ S(0 / -6)   Verschiebung um 6 nach unten
b) $y = (x+18)^2$ S(-18 / 0)   Verschiebung um 18 nach links
c) $y = x^2+2,5$ S(0 / 2,5)   Verschiebung um 2,5 nach oben
d) $y = (x-5)^2$ S(5 / 0)   Verschiebung um 5 nach rechts.

3)   Parabel a: $y = (x+1)^2$ Parabel b: $y = x^2-2$

Parabel c: $y = x^2+1$ Parabel d: $y = (x+2)^2$

Lösungen:

1) Der Graph der Funktion $y=(x-d)^2+e$ geht aus einer Verschiebung der <u>Normalparabel</u> hervor. Der Subtrahend d bewirkt eine Verschiebung der Normalparabel entlang der <u>x-Achse</u>. Wenn d positiv ist, erfolgt eine Verschiebung nach <u>rechts</u>, im anderen Fall nach <u>links</u>. Der Summand e bewirkt eine Verschiebung der Normalparabel entlang der <u>y-Achse</u>. Die Verschiebung erfolgt nach oben, wenn e <u>positiv</u> ist, und nach unten, wenn e <u>negativ</u> ist. In Abhängigkeit von e kann es entweder keine, eine oder zwei Nullstellen geben. Es gibt keine Nullstelle, wenn e <u>größer als </u>Null ist. Es gibt eine Nullstelle, wenn e <u>gleich</u> Null ist. Es gibt zwei Nullstellen, wenn e <u>kleiner als</u> Null ist.

2) a) $y = (x+4)^2-6$ S(-4/ -6)   Verschiebung um 6 nach unten und 4 nach links

b) $y = (x-3)^2+4$ S(3 / 4)   Verschiebung um 4 nach oben und 3 nach rechts

c) $y = (x+3)^2-4$ S(-3 / -4)   Verschiebung um 4 nach unten und 3 nach links

d) $y = (x-7,5)^2+4,5$ S(7,5 / 4,5)   Verschiebung um 4,5 nach oben und 7,5 nach rechts

4) Parabel a: $y = (x+2)^2-1$ Parabel b: $y = (x+2)^2+1$
Parabel c: $y = (x-2)^2+1$ Parabel d: $y = (x-1)^2-2$

Lösungen:

1) Der Graph einer quadratischen Funktion mit der Gleichung $y = ax^2$ ist eine zur <u>y-Achse</u> symmetrische Parabel mit dem <u>Scheitelpunkt</u> (0/0). Der Graph der Funktion mit der Gleichung $y=x^2$ heißt <u>Normalparabel</u>. Ist a>1, so sind die Parabeln <u>weniger weit</u> geöffnet als die Normalparabel. Man sagt, die Parabel ist <u>gestreckt</u>. Wenn 0<a<1, so sind die Parabeln <u>weiter</u> geöffnet als die Normalparabel. Man sagt, die Parabel ist <u>gestaucht</u>. Wenn a negativ ist, ergibt sich als Graph eine nach <u>unten</u> geöffnete Parabel.

2) .

Gleichung	Normalparabel	Gestreckt	Gestaucht	nach oben geöffnet	nach unten geöffnet
$y = -x^2$	x				x
$y = -0{,}8x^2$			x		x
$y = 2{,}5x^2$		x		x	
$y = \dfrac{3}{4}x^2$			x	x	
$y = -5\dfrac{1}{2}x^2$		x			x

3)

Funktionsgleichung	Parabel
$y = -x^2$	b
$y = -2x^2$	c
$y = -0{,}5x^2$	a
$y = -4x^2$	d

Lösungen:

1) a) 20 km/h : 4 m

40 km/h : 16 m

80 km/h : 64 m

160 km/h : 256 m

b) Der Bremsweg vervierfacht sich, wenn die Geschwindigkeit verdoppelt wird.

2) $y = ax^2+10$ Punkte: (5/0), (-5/0)

$0 = a \cdot 5^2+10 \rightarrow 25a = -10 \rightarrow a = -\dfrac{2}{5}$ $\rightarrow y = -\dfrac{2}{5}x^2+10$